KB147692

조리능력 향상의 길잡이

한식조리

생채·회

한혜영·김업식·박선옥·임재창 공저

(주)백산출판사

머리말

과학기술의 발달은 사회 변동을 촉진하고 그 결과 사회는 점점 빠르게 변화되고 있다.
사회가 발달하고 경제상황이 좋아짐에 따라 식생활문화는 풍요로워졌고, 음식문화에 대한 인식변화를 가져오게 되었다.
음식은 단순한 영양섭취 목적보다는 건강을 지키고 오감을 만족시켜 행복지수를 높이며, 음식커뮤니케이션의 기능과 함께 오락기능을 더하고 있다.
이에 전문 조리사는 다양한 직업으로 분업화 · 세분화되어 활동하게 되는데, 그 인기도는 조리 전문 방송 프로그램이 많아진 것을 보면 쉽게 알 수 있다.
현재 우리나라는 국가직무능력표준(NCS: national competency standards)을 개발하여 산업현장에서 직무를 수행하기 위해 요구되는 지식, 기술을 국가적 차원에서 표준화하고 있다.
이 책은 조리의 기초적인 부분부터 조리사가 알아야 하는 전반적인 내용을 담고 있어 산업현장에 적합한 인적자원 양성에 도움이 되는 전문서가 될 것으로 생각하며, 조리능력 향상에 길잡이가 될 것으로 믿는다.
왜냐하면 특급호텔인 롯데와 인터컨티넨탈에서 15년간의 현장 경험과 15년의 교육 경력을 바탕으로 정확한 레시피와 자세한 설명을 곁들여 정리하였기 때문이다.
조리학문 발전을 위해 노력하신 많은 선배님들께 감사드리며, 늘 배려를 아끼지 않으시는 백산출판사 사장님 이하 직원분들께 머리 숙여 깊은 감사를 드린다.

조리인이여~
넓은 세상을 보고 많은 꿈을 꾸며, 희망을 가지고 남다른 노력을 한다면, 소망과 꿈은 이루어지리라.

대표저자 **한혜영**

CONTENTS

○ 한식조리기능사 실기 품목

NCS – 학습모듈의 위치

대분류	음식서비스		
중분류		식음료조리·서비스	
소분류			음식조리

세분류

	능력단위	학습모듈명
한식조리	한식 위생관리	한식 위생관리
양식조리	한식 안전관리	한식 안전관리
중식조리	한식 메뉴관리	한식 메뉴관리
일식·복어조리	한식 구매관리	한식 구매관리
	한식 재료관리	한식 재료관리
	한식 기초 조리실무	한식 기초 조리실무
	한식 밥 조리	한식 밥 조리
	한식 죽 조리	한식 죽 조리
	한식 면류 조리	한식 면류 조리
	한식 국·탕 조리	한식 국·탕 조리
	한식 찌개 조리	한식 찌개 조리
	한식 전골 조리	한식 전골 조리
	한식 찜·선 조리	한식 찜·선 조리
	한식 조림·초 조리	한식 조림·초 조리
	한식 볶음 조리	한식 볶음 조리
	한식 전·적 조리	한식 전·적 조리
	한식 튀김 조리	한식 튀김 조리
	한식 구이 조리	한식 구이 조리
	한식 생채·회 조리	**한식 생채·회 조리**
	한식 숙채 조리	한식 숙채 조리
	김치 조리	김치 조리
	음청류 조리	음청류 조리
	한과 조리	한과 조리
	장아찌 조리	장아찌 조리

한식 생채 · 회 조리 학습모듈의 개요

학습모듈의 목표

채소를 살짝 절이거나 생것을 양념하여 데치거나 신선한 상태로 조리할 수 있다.

선수학습

한식조리기능사, 식품재료학, 조리원리, 식재료구매, 식품학

학습모듈의 내용체계

학습	학습내용	NCS 능력단위요소	
		코드번호	요소명칭
1. 생채·회 재료 준비하기	1-1. 생채·회 재료 준비	1301010129_16v3.1	생채·회 재료 준비하기
2. 생채·회 조리하기	2-1. 생채 조리	1301010129_16v3.2	생채·회 조리하기
	2-2. 회 조리		
3. 생채·회 담기	3-1. 생채·회 담아 완성	1301010129_16v3.3	생채·회 담기

핵심 용어

생채·회, 냉채, 숙회, 삶기, 데치기, 무치기, 볶기, 양념

분류번호	1301010129_16v3
능력단위 명칭	한식 생채 · 회 조리
능력단위 정의	한식 생채·회 조리란 채소를 살짝 절이거나 생것을 양념하는 조리이며 회 조리는 데치거나 생것을 신선한 상태로 조리할 수 있는 능력이다.

능력단위요소	수행준거
1301010129_16v3.1 생채·회 재료 준비하기	1.1 생채 · 회의 종류에 맞추어 도구와 재료를 준비할 수 있다. 1.2 조리에 사용하는 재료를 필요량에 맞게 계량할 수 있다. 1.3 재료에 따라 요구되는 전처리를 수행할 수 있다.
	【지식】 • 도구 종류의 사용법 • 재료 전처리 • 재료성분과 특성 • 재료 신선도 선별
	【기술】 • 도구를 다룰 수 있는 능력 • 식재료의 신선도 선별능력 • 용도에 맞게 다룰 수 있는 능력 • 재료 전처리능력 • 저장, 보관, 자르기의 능력
	【태도】 • 관찰태도 • 바른 작업 태도 • 반복훈련태도 • 안전사항 준수태도 • 위생관리태도
1301010129_16v3.2 생채·회 조리하기	2.1 양념장 재료를 비율대로 혼합, 조절할 수 있다. 2.2 재료에 양념장을 넣고 잘 배합되도록 무칠 수 있다. 2.3 재료에 따라 회·숙회로 만들 수 있다.
	【지식】 • 생채·회 조리 방법 • 양념 재료 성분과 특성 • 양념 혼합 비율 계량 • 조리특성에 따른 양념 첨가 순서 • 재료 선별 • 조리과정 중의 물리화학적 변화에 관한 조리과학적 지식

1301010129_16v3.2 생채·회 조리하기	【기술】 • 배합비율 능력 • 식감 있게 조리하는 능력 • 양념사용 능력 • 양념장 사용능력 • 양념장의 숙성능력 • 영양소의 손실을 최소화하는 능력 • 재료 신선도 유지능력 • 채소의 색 유지능력 • 회 썰기 능력
	【태도】 • 바른 작업 태도 • 조리과정을 관찰하는 태도 • 실험조리를 수행하는 과학적 태도 • 선선도 관찰 태도 • 안전사항 준수태도 • 위생관리태도
1301010129_16v3.3 생채·회 담기	3.1 조리종류와 색, 형태, 인원수, 분량 등을 고려하여 그릇을 선택할 수 있다. 3.2 생채·회의 색, 형태, 분량을 고려하여 그릇에 담아낼 수 있다. 3.3 조리종류에 따라 양념장을 곁들일 수 있다.
	【지식】 • 음식의 종류에 따라 그릇 선택 • 음식의 종류에 따른 적정온도
	【기술】 • 그릇과 조화롭게 담아낼 수 있는 능력 • 조리에 맞는 그릇선택능력 • 회를 신선하게 유지하는 능력
	【태도】 • 관찰태도 • 바른 작업 태도 • 반복훈련태도 • 안전사항 준수태도 • 위생관리태도

적용범위 및 작업상황

고려사항

- 한식 생채·회 조리 능력단위는 다음 범위가 포함된다.
  - 생채류 : 무생채, 도라지생채, 오이생채, 더덕생채, 부추생채, 미나리생채, 배추생채, 굴생채, 상추생채, 해파리냉채, 겨자냉채, 미역무침, 파래무침, 실파무침, 채소무침, 달래무침 등
  - 회류 : (생것)육회, (숙회)문어숙회, 오징어숙회, 미나리강회, 파강회 등
- 생채·회 조리의 전처리란 다듬기, 씻기, 삶기, 데치기, 자르기를 말한다.
- 생채 양념장은 간장이나 고추장을 기본으로 하여 고춧가루, 설탕, 식초, 소금 등을 혼합하여 산뜻한 맛이 나도록 만든 것이다.
- 냉채 양념장은 겨자장, 잣즙 등을 곁들인다.
  - 겨자는 봄 갓의 씨를 가루로 낸 것으로 갤수록 매운 맛이 짙어지므로 겨자가루에 40℃의 따뜻한 물을 넣고 개어서 따뜻한 곳에 엎어 20~30분 두었다가 매운맛이 나면 식초, 설탕, 소금, 연유를 넣고 잘 저어 주면 겨자장이 된다.
- 생채는 양념장을 사용하기도 하지만 고춧가루를 주로 사용하여 무칠 경우에는 고춧가루로 먼저 색을 고루 들이고 설탕, 소금, 식초 순으로 간을 한다.
- 회 양념장은 고추장, 식초, 설탕 등을 혼합하여 만든 것이다.
- 회와 숙회의 차이는 날것과 익힌 것을 말한다.
- 어채 : 포를 뜬 흰 살 생선과 채소에 녹말을 묻혀 끓는 물에 데친 다음, 색을 맞추어 돌려 담는 음식이다. 봄에 즐겨 먹으며, 주안상에 어울리는 음식이다. 어채는 차게 먹는 음식이므로 생선은 비린내가 나지 않는 숭어, 민어 등의 흰 살 생선을 이용하고, 표고, 목이, 석이버섯 같은 버섯류와 채소류가 쓰이며 해삼, 전복 같은 어패류를 사용하기도 한다. 초고추장과 함께 낸다.

자료 및 관련 서류

- 한식조리 전문서적
- 조리원리 전문서적, 관련자료
- 식품재료 관련 전문서적
- 식품위생법규 전문서적
- 원산지 확인서
- 조리도구 관리 체크리스트
- 식자재 구매 명세서
- 조리도구 관련서적
- 식품영양 관련서적
- 식품재료의 원가, 구매, 저장 관련서적
- 안전관리수칙 서적
- 매뉴얼에 의한 조리과정, 조리결과 체크리스트

장비 및 도구

- 조리용 칼, 도마, 계량저울, 계량컵, 계량스푼, 믹서, 조리용 젓가락, 온도계, 체, 조리용 집게, 조리용기, 양푼 등
- 가스레인지, 전기레인지 또는 가열도구
- 조리복, 조리모, 앞치마, 조리안전화, 행주, 분리수거용 봉투 등

재료

- 채소류, 육류, 어패류, 장류, 양념류 등

평가지침

평가방법

- 평가자는 능력단위 한식 생채·회 조리의 수행준거에 제시되어 있는 내용을 평가하기 위해 이론과 실기를 나누어 평가하거나 종합적인 결과물의 평가 등 다양한 평가방법을 사용할 수 있다.
- 피평가자의 과정평가 및 결과평가 방법

평가방법	평가유형	
	과정평가	결과평가
A. 포트폴리오	V	V
B. 문제해결 시나리오		
C. 서술형시험	V	V
D. 논술형시험		
E. 사례연구		
F. 평가자 질문	V	V
G. 평가자 체크리스트	V	V
H. 피평가자 체크리스트		
I. 일지/저널		
J. 역할연기		
K. 구두발표		
L. 작업장평가	V	V
M. 기타		

평가 시 고려사항

- 수행준거에 제시되어 있는 내용을 성공적으로 수행할 수 있는지를 평가해야 한다.
- 평가자는 다음 사항을 평가해야 한다.
  - 조리복, 조리모 착용 및 개인 위생 준수능력
  - 위생적인 조리과정
  - 식재료 손질하기
  - 양념 준비과정
  - 조리의 순서
  - 생채와 회를 조리하는 능력
  - 생채를 신선하게 조리하는 방법
  - 채소의 고유색상을 유지하여 조리하는 방법
  - 조화롭게 담아내는 능력
  - 조리도구의 사용 전, 후 세척
  - 조리 후 정리정돈 능력

직업기초능력

순번	직업기초능력	
	주요영역	하위영역
1	의사소통능력	경청 능력, 기초외국어 능력, 문서이해 능력, 문서작성 능력, 의사표현 능력
2	문제해결능력	문제처리 능력, 사고력
3	자기개발능력	경력개발 능력, 자기관리 능력, 자아인식 능력
4	정보능력	정보처리 능력, 컴퓨터활용 능력
5	기술능력	기술선택 능력, 기술이해 능력, 기술적용 능력
6	직업윤리	공동체윤리, 근로윤리

개발·개선 이력

구분		내용
직무명칭(능력단위명)		한식조리(한식 생채·회 조리)
분류번호	기존	1301010110_15v3
	현재	1301010129_16v3,1301010130_16v3
개발·개선연도	현재	2016
	2차	2015
	최초(1차)	2014
버전번호		v3
개발·개선기관	현재	(사)한국조리기능장협회
	2차	
	최초(1차)	
향후 보완 연도(예정)		-

한식조리 생채 · 회

이론
&
실기

한식조리
생채 · 회 이론

◆ 생채

생채(生菜)는 계절마다 새로 나오는 싱싱한 채소를 익히지 않고, 갖은 양념으로 버무리거나 초장, 초고추장, 겨자장 등으로 무친 가장 일반적인 찬품이다. 설탕과 식초를 조미료로 써서 달고 새콤하며 산뜻한 맛을 낸다. 무, 배추, 상추, 오이, 미나리, 더덕, 산나물 등 날로 먹을 수 있는 채소로 만드는데 해파리, 미역, 파래, 톳 등의 해초류나 오징어, 조개, 새우 등을 데쳐 넣어 무치기도 한다. 겨자채나 냉채도 생채에 속한다.

생채의 종류는 무생채, 오이생채, 도라지생채, 오이노각생채, 갓채, 겨자채, 더덕생채, 초채 등이 있다.

◆ 회(膾)

《시의전서》의 어회(魚膾)는 "민어를 껍질을 벗겨 살을 얇게 저며서 살결대로 가늘게 썰어 기름을 발라 접시에 담고 겨자와 초고추장을 식성대로 쓴다"고 하였다. 또 작은 생선, 조개, 굴의 무리도 대개 날것 그대로 회로 하고 있다.

《임원십육지》의 생선회는 날것 그대로 쓰고 있으며, 붕어회, 쏘가리회가 날것 그대로의 회이다. 이와 같이 중국에서는 당대(唐代)는 물론 원대(元代)까지 육회와 더불어 생선회를 먹고 있었다는 것을 알 수 있다.

또 《음식디미방》, 《규합총서》, 《증보산림경제》, 《옹희잡지》, 《시의전서》 등에 웅어, 민어, 해삼, 조개, 대합, 국 등의 생회가 설명되어 있고, 《옹희잡지》에서는 숭어를 극동(極東)시켜 썬 회가 나온다.

《증보산림경제》에서는 여름철에 만든 회접시를 빙반상(氷盤上)에 놓고 먹는다고 하였으니 저온에 의한 변패방지와 저온에서의 물성의 변화를 의식하였다는 것을 알 수 있겠다.

낙지, 생문어, 소라, 생복, 생해삼 등은 살짝 데쳐 썰어 회로 하는 경우가 있다. 낙지나 문어는 대개 데쳐낸다. 그러면 본디의 뜻인 회 즉 생회는 아니니 《주방문》에서는 '낙지회'라 하였고 《시의전서》에서는 '숙회(熟膾)'라 하였다. 이와 같이 우리나라에서는 낙지, 문어를 약간 데쳐서 회로 쓴다.

회의 종류에 따라 찍어 먹는 장의 종류도 달리하였다.

생회

- 굴회 : 초장 + 고춧가루
- 어회 : 겨자 + 참기름 또는 초고추장 + 참기름

숙회

- 조개회 : 초장 + 고춧가루 + 파 + 생강 또는 겨자장
- 북어회 : 고추장 + 참기름 + 꿀 + 초 + 파 + 마늘 + 깨소금
- 문어, 소라, 생복, 해삼 : 초장
- 낙지 : 초장 + 고춧가루

어채

《규합총서》, 《시의전서》 등에 어채(魚菜)가 나온다. 이것은 각색 생선을 회처럼 썰어 녹말을 묻히고, 고기내장, 대하, 전복 그리고 각종 채소도 채쳐서 한 가지씩 삶아내어 보기 좋게 담은 것이다. 생선이 주재료가 되기 때문에 어채라고 하는 것이다.

육회

《시의전서》의 육회는 "기름기 없는 연한 황육의 살을 얇게 저며 물에 담가 핏물을 빼고 가늘게 채 썬다. 파, 마늘을 다져 후춧가루, 깨소금, 기름, 꿀은 섞어 잘 주물러 재고 잣가루를 많이 섞는다. 윤즙은 후추나 꿀을 섞어서 식성대로 만든다"고 하였다. 이것이 전형적인 육회이다.

육회에 적합한 부위는 연하면서도 기름기 없는 우둔이나 홍두깨살이다. 《조선무쌍신식요리제법》에서는 "육회에는 우둔이 제일이요, 그 다음이 대접살이고, 그 외에 홍두깨는 결이 굵고 질기고 흰 색깔이 나서 못 쓰고, 안심은 연하기는 하나 심큼하며, 설깃은 더욱 좋지 않다"고 하였다.

꿩회

《증보산림경제》의 '동치회방(凍雉膾方)'은 "겨울철에 꿩을 잡아 내장을 빼버리고 빙설 위에서 급동시킨 이른바 동결식품을 매우 잘 드는 칼로 얇게 썰어서 초장, 생강, 파를 넣어서 먹는다"고 하였다.

갑회

《진찬의궤》에 갑회(甲膾)가 나온다. 갑회란 용어가 조리서에는 나오지 않는데 이것은 소의 내장을 잘게 썰어서 만든 회이다.

《옹희잡지》의 처녑, 양 등의 회는 뜨거운 물에 약간 데쳐내어 잎사귀처럼 썬 것으로 장초(醬醋)나 개자장(芥子醬)을 써서 먹는다고 하였다. 회의 이름은 없으나 갑회이다.

숙회

《임원십육지》의 저육수정회방(猪肉水晶膾方)은 "돼지껍질의 기름을 깎아내고 깨끗이 씻어 한 근마다 물 1말, 파, 후추, 밀감껍질 조금을 넣어 만화(慢火)로 껍질이 연해질 때까지 삶는다. 이것을 꺼내어 잘게 썰어 실처럼 하고, 다시 원즙 속에 넣어 한 번 더 끓인다. 알맞게 삶으면 면(綿)으로 걸러 굳어지면 썰어서 회로 하여 진한 초를 쳐서 먹는다"고 하였으니 이것은 숙회(熟鱠)이다.

대구껍질강회

대구껍질에 파를 말아서 초간장에 밀가루즙을 한 것에 찍어서 먹는다.

잉어수정회

《임원십육지》의 '잉어수정회방(礽魚水晶膾方)'은 잉어의 껍질, 비늘, 부레 등을 고아서 응고시킨 것을 썰어서 먹는다고 하였다.

강회

미나리나 파를 끓는 물에 데쳐서 고추채, 달걀채, 석이채, 양지머리편육 등을 채 썰어 색색이 세워서 상투 모양으로 또르르 감아 실백을 박아 넣고 초고추장에 찍어 먹는 회를 강회라 한다. 이것은 바로 봄맛을 상징한다. 속담에 "처갓집 세배는 미나리강회 먹을 때나 간다"란 말이 있다.

회의 종류로는 가자미회, 가지회, 각색회, 간처녑회, 갑회, 강어회, 갯장어회, 게회, 고등어회, 고수강회, 광어회, 굴회, 꼬막회, 꼴뚜기회, 낙지숙회, 녹육회, 대하회, 대합숙회, 대합회, 도미회, 동치회, 돼지새끼회, 두골회, 두릅회, 두부회, 멍게회, 물회, 미꾸라지회, 미나리강회, 민어회, 박회, 백운타회, 뱀장어회, 병어회, 북어회, 비께회, 사태회, 삼치회, 상어숙회, 새우회, 생굴초회, 생멸치회, 생미역초회, 생복회, 생어회, 생오징어초회, 생해삼무침, 석화회, 세총강회, 소라회, 송이회, 쇠심회, 수정회, 숙회, 순채회, 숭어회, 어채, 오징어회, 우렁회, 우육회, 육회, 잉어숙회, 잉어회, 자리회, 장어회, 전복소라회, 전복숙회, 전어회, 조개어채, 조개회, 조기회, 죽순회, 짱뚱이회, 척회, 청각회, 초회, 파강회, 피래미초회, 피조개회, 해삼초회, 향어회, 홍어어채, 홍어회, 홍합회 등이 있다.

고문헌에 나타나는 어회류 찬품

- 경도잡지(1770) – 웅어회
- 규곤요람, 연세대본(1896) – 어채, 회
- 도문대작(1611) – 동숭어
- 동국세시기(1849) – 웅어회
- 산림경제(1715) – 눌치회, 쏘가리회, 은어회, 밴댕이회, 웅어회, 민어회, 고등어회, 숭어회, 대합회, 전복회, 해삼회
- 시의전서(1800년대 말) – 굴회, 북어회, 민어회, 작은 생선회, 조개회, 어회, 어채
- 옹희잡지(1800년대 초) – 동숭어회
- 원행을묘정리의궤(1795) – 웅어회, 생복회, 금린어회
- 음식디미방(1670) – 대합회, 대구껍질
- 음식방문(1800년대 중반) – 어채, 낙지채
- 조선왕조 궁중연회식 의궤(1719~1902) – 생복회, 생합회, 숭어회, 동숭어회, 민어회
- 주방문(1600년대 말) – 낙지채

참고문헌

- 3대가 쓴 한국의 전통음식(황혜선 외, 교문사, 2010)
- 우리가 정말 알아야 할 우리 음식 백가지 1(한복진 외, 현암사, 1998)
- 조선시대의 음식문화(김상보, 가람기획, 2006)
- 천년한식견문록(정혜경, 생각의나무, 2009)
- 한국민속대관2(고려대학교민족문화연구소, 1980)
- 한국민족문화대백과사전(한국학중앙연구원, 1991)
- 한국요리문화사(이성우, 교문사, 1985)
- 한국의 음식문화(이효지, 신광출판사, 1998)

해물겨자채

재료

- 오징어 1/4마리 · 해삼 1/2마리
- 전복 1마리 · 중하 4마리
- 소고기 양지머리 50g
- 오이 50g · 당근 50g
- 양배추 50g · 배 50g
- 밤 2개 · 잣 1작은술
- 달걀 1개 · 식용유 1작은술
- 소금 1/4작은술

해물 삶을 재료

- 물 2컵 · 마늘 10g
- 생강 5g · 대파 20g
- 레몬 20g · 셀러리 10g
- 통후추 5알 · 청주 1작은술

소고기 삶을 재료

- 물 1컵 · 파 10g
- 마늘 5g · 생강 3g

설탕물

- 물 5큰술 · 설탕 1큰술

겨자장

- 발효겨자 1작은술
- 설탕 2작은술
- 간장 1/2작은술
- 소금 1/2작은술

만드는 법

재료 확인하기

1 오징어, 해삼, 전복, 중하, 마늘, 생강, 대파, 레몬, 셀러리, 통후추, 청주, 소고기 양지머리, 생강 등 확인하기

사용할 도구 선택하기

2 프라이팬, 나무젓가락 등을 선택하여 준비한다.

재료 계량하기

3 각각의 재료 분량을 컵과 계량스푼, 저울로 계량하기

재료 준비하기

4 오징어는 껍질을 벗기고 안쪽에 0.3cm 간격으로 대각선으로 칼집을 넣어 4cm×1.5cm 크기로 썬다.
5 해삼은 내장을 손톱으로 긁어 제거하고, 4cm×1cm 크기로 썬다.
6 전복은 0.3cm 간격으로 칼집을 넣어 편으로 썬다.
7 중하는 내장을 제거한다.
8 오이, 당근, 양배추는 깨끗하게 씻어 손질하여 0.3cm×1cm×4cm 크기로 썬다.
9 배는 껍질을 벗겨 0.3cm×1cm×4cm 크기로 썰어 설탕물에 담근다.
10 밤은 껍질을 벗겨 납작하게 썬다.
11 잣은 고깔을 떼고 면포에 닦는다.

양념장 만들기

12 분량의 재료를 잘 섞어 겨자즙을 만든다.

조리하기

13 냄비에 물, 마늘, 생강, 대파, 레몬, 셀러리, 통후추, 청주를 넣어 끓으면 오징어, 해삼, 전복, 중하는 각각 데친다. 중하는 껍질을 벗겨 편으로 썬다.
14 냄비에 물, 마늘, 생강, 대파를 넣어 끓으면 찬물에 담근 소고기 양지머리를 넣고 삶아 식혀서 0.3cm×1cm×4cm 크기로 썬다.
15 달걀은 황·백으로 지단을 부쳐서 1cm×4cm 크기로 썬다.
16 준비된 재료를 겨자즙으로 버무린다.

담아 완성하기

17 해물겨자채 담을 그릇을 선택한다.
18 그릇에 해물겨자채를 담고, 잣을 고명으로 얹는다.

평가자 체크리스트

학습내용	평가 항목	성취수준		
		상	중	하
생채·회 재료 준비	필요한 도구를 준비하는 능력			
	재료를 정확하게 계량하는 능력			
생채·회 조리	양념의 비율을 조절하여 버무리는 능력			
	메뉴에 따라 회를 익혀서 조리하는 능력			
그릇 선택	그릇을 선택하는 능력			
생채·회 담아 완성	메뉴에 따라 그릇에 담는 능력			
	양념장을 곁들일 수 있는 능력			

서술형 시험

학습내용	평가 항목	성취수준		
		상	중	하
생채·회 재료 준비	필요한 도구를 준비하는 방법			
	재료를 정확하게 계량하는 방법			
생채·회 조리	생채를 신선하게 조리하는 방법			
	회 조리 시 유의해야 하는 점			
그릇 선택	그릇을 선택하는 방법			
생채·회 담아 완성	메뉴에 따라 그릇에 담는 방법			
	고명을 곁들이는 방법			

작업장 평가

학습내용	평가 항목	성취수준		
		상	중	하
생채·회 재료 준비	필요한 도구를 준비하는 능력			
	재료를 정확하게 계량하는 능력			
생채·회 조리	생채를 신선하게 조리하는 능력			
	생채에 양념을 버무리는 능력			
	숙회 시 불소설을 하는 능력			
그릇 선택	그릇을 선택하는 능력			
생채·회 담아 완성	메뉴에 따라 그릇에 담는 능력			
	고명을 곁들이는 능력			

학습자 완성품 사진

대하잣즙채

재료

- 대하 4마리
- 소고기 사태 80g
- 오이 100g
- 죽순 50g
- 식용유 1큰술
- 소금 1작은술

대하 삶을 재료

- 물 2컵
- 마늘 10g
- 생강 5g
- 대파 20g
- 레몬 20g
- 양파 20g
- 셀러리 10g
- 통후추 5알
- 청주 1작은술

소고기 삶을 재료

- 물 1컵
- 대파 10g
- 마늘 5g
- 양파 5g
- 생강 3g

잣즙

- 잣가루 4큰술
- 새우국물 3큰술
- 소금 1작은술
- 설탕 1작은술
- 청주 1작은술
- 후춧가루 1/5작은술
- 참기름 2작은술

만드는 법

재료 확인하기

1 대하, 마늘, 생강, 대파, 레몬, 양파, 셀러리, 통후추, 소고기 사태, 오이, 죽순, 식용유 등 확인하기

사용할 도구 선택하기

2 프라이팬, 나무젓가락 등을 선택하여 준비한다.

재료 계량하기

3 각각의 재료 분량을 컵과 계량스푼, 저울로 계량하기

재료 준비하기

4 대하는 내장을 제거하고 깨끗이 씻는다.
5 소고기 사태는 찬물에 담근다.
6 오이는 소금으로 문질러 씻고 반으로 갈라 어슷썰기를 한 후 소금에 살짝 절인다.
7 죽순은 빗살모양을 살려 4cm×0.2cm 크기로 썬다.

양념장 만들기

8 분량의 재료를 잘 섞어 잣즙을 만든다.

조리하기

9 냄비에 물, 마늘, 생강, 대파, 레몬, 셀러리, 양파, 통후추, 청주, 손질한 대하를 넣어 삶는다. 껍질을 벗긴 다음 편으로 썬다.
10 냄비에 물, 마늘, 생강, 대파, 양파를 넣어 끓으면 소고기 사태를 넣고 삶아서 납작납작하게 썬다.
11 절인 오이는 물기를 짜서 팬에 식용유를 두르고 새파랗게 볶는다.
12 죽순은 끓는 물에 살짝 데쳐서 찬물에 헹군다. 달구어진 팬에 식용유를 두르고 소금으로 간을 하여 살짝 볶는다.
13 준비한 재료에 잣즙을 섞어서 살살 버무린다.

담아 완성하기

14 대하잣즙채 담을 그릇을 선택한다.
15 그릇에 대하잣즙채를 보기 좋게 담는다.

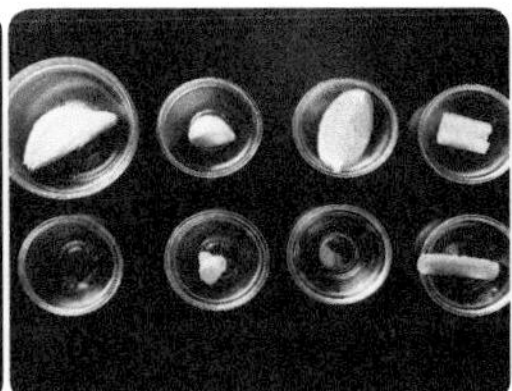

평가자 체크리스트

학습내용	평가 항목	성취수준		
		상	중	하
생채·회 재료 준비	필요한 도구를 준비하는 능력			
	재료를 정확하게 계량하는 능력			
생채·회 조리	양념의 비율을 조절하여 버무리는 능력			
	메뉴에 따라 회를 익혀서 조리하는 능력			
그릇 선택	그릇을 선택하는 능력			
생채·회 담아 완성	메뉴에 따라 그릇에 담는 능력			
	양념장을 곁들일 수 있는 능력			

서술형 시험

학습내용	평가 항목	성취수준		
		상	중	하
생채·회 재료 준비	필요한 도구를 준비하는 방법			
	재료를 정확하게 계량하는 방법			
생채·회 조리	생채를 신선하게 조리하는 방법			
	회 조리 시 유의해야 하는 점			
그릇 선택	그릇을 선택하는 방법			
생채·회 담아 완성	메뉴에 따라 그릇에 담는 방법			
	고명을 곁들이는 방법			

작업장 평가

학습내용	평가 항목	성취수준		
		상	중	하
생채·회 재료 준비	필요한 도구를 준비하는 능력			
	재료를 정확하게 계량하는 능력			
생채·회 조리	생채를 신선하게 조리하는 능력			
	생채에 양념을 버무리는 능력			
	숙회 시 불조절을 히는 능력			
그릇 선택	그릇을 선택하는 능력			
생채·회 담아 완성	메뉴에 따라 그릇에 담는 능력			
	고명을 곁들이는 능력			

학습자 완성품 사진

해물잣즙채

재료

- 오징어 1/4마리 · 해삼 1/2마리
- 전복 1마리 · 중하 4마리
- 소고기 사태 50g
- 오이 100g · 죽순 50g
- 식용유 1큰술 · 소금 1작은술
- 대하 삶을 재료
- 물 2컵 · 마늘 10g
- 생강 5g · 대파 20g
- 레몬 20g · 양파 20g
- 셀러리 10g · 통후추 5알
- 청주 1작은술

소고기 삶을 재료

- 물 1컵 · 대파 10g
- 마늘 5g · 양파 5g
- 생강 3g

잣즙

- 잣가루 4큰술 · 소금 1작은술
- 설탕 1작은술 · 청주 1작은술
- 후춧가루 1/5작은술
- 해물국물 3큰술
- 참기름 2작은술

만드는 법

재료 확인하기

1 오징어, 해삼, 전복, 중하, 마늘, 생강, 대파, 레몬, 셀러리, 통후추, 청주, 소고기 양지머리, 생강 등 확인하기

사용할 도구 선택하기

2 프라이팬, 나무젓가락 등을 선택하여 준비한다.

재료 계량하기

3 각각의 재료 분량을 컵과 계량스푼, 저울로 계량하기

재료 준비하기

4 오징어는 껍질을 벗기고 안쪽에 0.3cm 간격으로 대각선으로 칼집을 넣어 4cm×1.5cm 크기로 썬다.
5 해삼은 내장을 손톱으로 긁어 제거하고, 4cm×1cm 크기로 썬다.
6 전복은 0.3cm 간격으로 칼집을 넣어 편으로 썬다.
7 중하는 내장을 제거한다.
8 오이는 깨끗하게 씻어 손질하여 0.3cm×1cm×4cm 크기로 썬다.
9 죽순은 빗살모양으로 썬다.
10 소고기 사태는 찬물에 담근다.

조리하기

11 냄비에 물, 마늘, 생강, 대파, 레몬, 셀러리, 통후추, 청주를 넣어 끓으면 오징어, 해삼, 전복, 중하는 각각 데친다. 중하는 껍질을 벗겨 편으로 썬다.
12 냄비에 물, 마늘, 생강, 대파를 넣어 끓으면 소고기 사태를 넣어 삶아 식혀서 0.3cm×1cm×4cm 크기로 썬다.
13 달구어진 팬에 식용유를 두르고 죽순을 소금으로 간하여 볶는다.
14 준비된 재료를 잣즙로 버무린다.

담아 완성하기

15 해물잣즙채 담을 그릇을 선택한다.
16 그릇에 해물잣즙채를 담고, 잣을 고명으로 얹는다.

평가자 체크리스트

학습내용	평가 항목	성취수준		
		상	중	하
생채·회 재료 준비	필요한 도구를 준비하는 능력			
	재료를 정확하게 계량하는 능력			
생채·회 조리	양념의 비율을 조절하여 버무리는 능력			
	메뉴에 따라 회를 익혀서 조리하는 능력			
그릇 선택	그릇을 선택하는 능력			
생채·회 담아 완성	메뉴에 따라 그릇에 담는 능력			
	양념장을 곁들일 수 있는 능력			

서술형 시험

학습내용	평가 항목	성취수준		
		상	중	하
생채·회 재료 준비	필요한 도구를 준비하는 방법			
	재료를 정확하게 계량하는 방법			
생채·회 조리	생채를 신선하게 조리하는 방법			
	회 조리 시 유의해야 하는 점			
그릇 선택	그릇을 선택하는 방법			
생채·회 담아 완성	메뉴에 따라 그릇에 담는 방법			
	고명을 곁들이는 방법			

작업장 평가

학습내용	평가 항목	성취수준		
		상	중	하
생채·회 재료 준비	필요한 도구를 준비하는 능력			
	재료를 정확하게 계량하는 능력			
생채·회 조리	생채를 신선하게 조리하는 능력			
	생채에 양념을 버무리는 능력			
	숙회 시 불조절을 하는 능력			
그릇 선택	그릇을 선택하는 능력			
생채·회 담아 완성	메뉴에 따라 그릇에 담는 능력			
	고명을 곁들이는 능력			

학습자 완성품 사진

깨즙채

재료

- 양상추 100g
- 셀러리 70g
- 오이 70g
- 닭안심 100g
- 물 1컵
- 마늘 1톨
- 생강 1/2톨
- 파 10g
- 깐 밤 2개
- 달걀 2개
- 식용유 1큰술
- 소금 1작은술

깨즙

- 볶은 참깨 1/2컵
- 닭육수 1/2컵
- 식초 2큰술
- 설탕 1큰술
- 소금 2작은술

만드는 법

재료 확인하기

1 양상추, 셀러리, 오이, 닭안심, 마늘, 생강, 대파, 깐 밤, 달걀, 식용유 등 확인하기

사용할 도구 선택하기

2 프라이팬, 나무젓가락 등을 선택하여 준비한다.

재료 계량하기

3 각각의 재료 분량을 컵과 계량스푼, 저울로 계량하기

재료 손질하기

4 양상추는 떡잎을 떼어내고 씻어 손으로 뜯어 물에 담가놓는다.
5 셀러리는 껍질을 벗겨 4cm 길이로 어슷썰기를 한다.
6 오이는 소금으로 문질러 씻어서 반으로 길게 갈라 4cm가 되도록 어슷하게 썬다.
7 밤은 얇게 편으로 썬다.

조리하기

8 닭은 마늘, 대파, 생강을 넣고 삶는다. 닭살은 굵직하게 뜯고, 국물은 면포에 거른다.
9 달걀은 황·백으로 나누어 도톰하게 지단을 부쳐서 4cm×1cm의 크기로 썬다.
10 블렌더에 참깨를 넣고 물 1/2컵과 함께 곱게 갈아 체에 밭친 후 닭육수, 식초, 설탕, 소금을 넣어 깨즙을 만든다.
11 준비된 재료를 깨즙에 잘 버무린다.

담아 완성하기

12 깨즙채 담을 그릇을 선택한다.
13 그릇에 깨즙채를 담아낸다.

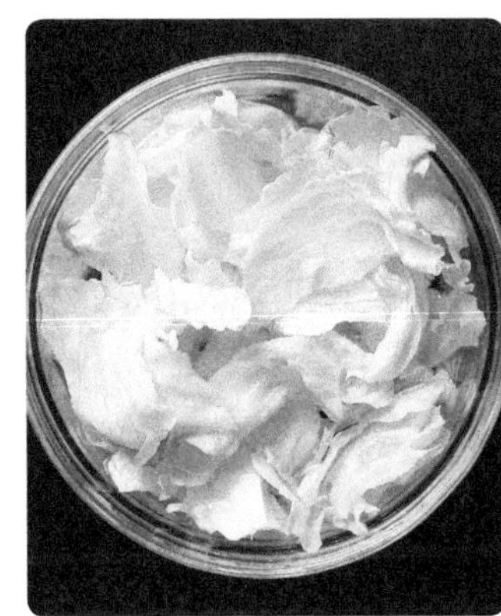

평가자 체크리스트

학습내용	평가 항목	성취수준		
		상	중	하
생채·회 재료 준비	필요한 도구를 준비하는 능력			
	재료를 정확하게 계량하는 능력			
생채·회 조리	양념의 비율을 조절하여 버무리는 능력			
	메뉴에 따라 회를 익혀서 조리하는 능력			
그릇 선택	그릇을 선택하는 능력			
생채·회 담아 완성	메뉴에 따라 그릇에 담는 능력			
	양념장을 곁들일 수 있는 능력			

서술형 시험

학습내용	평가 항목	성취수준		
		상	중	하
생채·회 재료 준비	필요한 도구를 준비하는 방법			
	재료를 정확하게 계량하는 방법			
생채·회 조리	생채를 신선하게 조리하는 방법			
	회 조리 시 유의해야 하는 점			
그릇 선택	그릇을 선택하는 방법			
생채·회 담아 완성	메뉴에 따라 그릇에 담는 방법			
	고명을 곁들이는 방법			

작업장 평가

학습내용	평가 항목	성취수준		
		상	중	하
생채·회 재료 준비	필요한 도구를 준비하는 능력			
	재료를 정확하게 계량하는 능력			
생채·회 조리	생채를 신선하게 조리하는 능력			
	생채에 양념을 버무리는 능력			
	숙회 시 불조절을 하는 능력			
그릇 선택	그릇을 선택하는 능력			
생채·회 담아 완성	메뉴에 따라 그릇에 담는 능력			
	고명을 곁들이는 능력			

학습자 완성품 사진

파강회

재료

- 쪽파 50g
- 달걀 1개
- 붉은 고추 1개
- 소고기 80g

소금물

- 물 2컵
- 소금 1/2작은술

초고추장

- 고추장 1½큰술
- 식초 1큰술
- 청주 1/2작은술
- 물엿 1작은술
- 설탕 1작은술
- 마늘즙 1작은술
- 생강즙 1/2작은술
- 레몬즙 1작은술

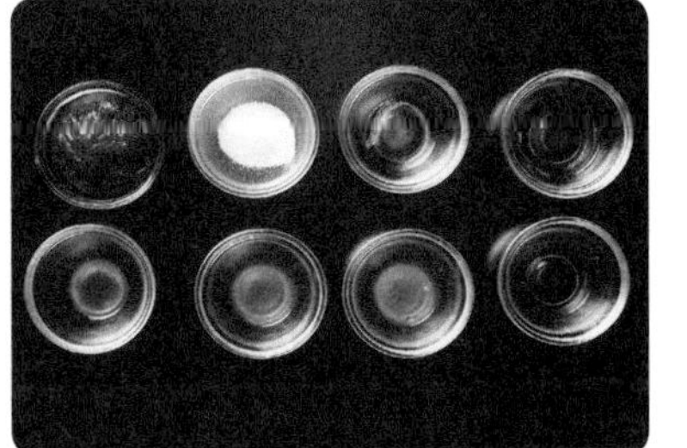

만드는 법

재료 확인하기

1 쪽파, 달걀, 붉은 고추, 소고기, 소금, 고추장, 식초, 청주 등 확인하기

사용할 도구 선택하기

2 프라이팬, 냄비, 나무젓가락 등을 선택하여 준비한다.

재료 계량하기

3 각각의 재료 분량을 컵과 계량스푼, 저울로 계량하기

재료 준비하기

4 쪽파는 다듬어 씻는다.

5 붉은 고추는 씨를 제거하고 4cm×0.5cm×0.5cm 크기로 썬다.

6 소고기는 찬물에 담가 핏물을 제거한다.

양념장 만들기

7 분량의 재료를 잘 섞어 초고추장을 만든다.

조리하기

8 소고기는 덩어리로 삶는다. 잘 삶아진 고기는 4cm×0.5cm×0.5cm 크기로 썬다.

9 쪽파는 끓는 소금물에 데쳐 물기를 제거한다.

10 달걀은 잘 풀어서 황·백으로 지단을 부친다. 4cm×0.5cm 크기로 썬다.

11 쪽파를 하나 들고 달걀, 고추, 편육을 보기 좋게 돌돌 만다.

담아 완성하기

12 파강회 담을 그릇을 선택한다.

13 그릇에 보기 좋게 파강회를 담는다. 초고추장을 곁들인다.

평가자 체크리스트

학습내용	평가 항목	성취수준		
		상	중	하
생채·회 재료 준비	필요한 도구를 준비하는 능력			
	재료를 정확하게 계량하는 능력			
생채·회 조리	양념의 비율을 조절하여 버무리는 능력			
	메뉴에 따라 회를 익혀서 조리하는 능력			
그릇 선택	그릇을 선택하는 능력			
생채·회 담아 완성	메뉴에 따라 그릇에 담는 능력			
	양념장을 곁들일 수 있는 능력			

서술형 시험

학습내용	평가 항목	성취수준		
		상	중	하
생채·회 재료 준비	필요한 도구를 준비하는 방법			
	재료를 정확하게 계량하는 방법			
생채·회 조리	생채를 신선하게 조리하는 방법			
	회 조리 시 유의해야 하는 점			
그릇 선택	그릇을 선택하는 방법			
생채·회 담아 완성	메뉴에 따라 그릇에 담는 방법			
	고명을 곁들이는 방법			

작업장 평가

학습내용	평가 항목	성취수준		
		상	중	하
생채·회 재료 준비	필요한 도구를 준비하는 능력			
	재료를 정확하게 계량하는 능력			
생채·회 조리	생채를 신선하게 조리하는 능력			
	생채에 양념을 버무리는 능력			
	숙회 시 불조절을 하는 능력			
그릇 선택	그릇을 선택하는 능력			
생채·회 담아 완성	메뉴에 따라 그릇에 담는 능력			
	고명을 곁들이는 능력			

학습자 완성품 사진

우렁이초회

재료

- 깐 우렁이살 200g
- 밀가루 1큰술
- 소금 약간
- 더덕 30g
- 쑥갓 20g
- 풋고추 1개
- 붉은 고추 1/4개

데칠 물

- 물 3컵
- 된장 1큰술
- 소금 1/2작은술

양념장

- 고추장 2큰술
- 고춧가루 1큰술
- 식초 2큰술
- 레몬즙 1작은술
- 설탕 1큰술
- 물엿 2/3큰술
- 다진 대파 1큰술
- 다진 마늘 1작은술
- 깨소금 1작은술
- 후춧가루 약간

만드는 법

재료 확인하기

1 깐 우렁살, 밀가루, 소금, 된장, 더덕, 쑥갓, 풋고추, 붉은 고추, 고추장 등 확인하기

사용할 도구 선택하기

2 프라이팬, 냄비, 나무젓가락 등을 선택하여 준비한다.

재료 계량하기

3 각각의 재료 분량을 컵과 계량스푼, 저울로 계량하기

재료 준비하기

4 우렁이살은 밀가루로 주물러 씻어 헹군다.
5 더덕은 껍질을 벗기고 가볍게 두드려 짧게 찢어놓는다.
6 쑥갓은 손질하여 2cm 길이로 썬다.
7 풋고추, 붉은 고추는 반으로 갈라 씨를 털어내고 사방 2m로 썬다.

양념장 만들기

8 분량의 재료를 잘 섞어 양념장을 만든다.

조리하기

9 냄비에 물이 끓으면 소금, 된장을 풀어넣는다. 손질한 우렁이살을 데쳐서 다시 찬물로 헹군 후 물기를 제거한다.
10 우렁이살, 더덕, 고추를 섞은 후 양념장으로 버무리고, 쑥갓을 마지막에 가볍게 섞는다.

담아 완성하기

11 우렁이초회 담을 그릇을 선택한다.
12 그릇에 우렁이초회를 담는다.

평가자 체크리스트

학습내용	평가 항목	성취수준		
		상	중	하
생채·회 재료 준비	필요한 도구를 준비하는 능력			
	재료를 정확하게 계량하는 능력			
생채·회 조리	양념의 비율을 조절하여 버무리는 능력			
	메뉴에 따라 회를 익혀서 조리하는 능력			
그릇 선택	그릇을 선택하는 능력			
생채·회 담아 완성	메뉴에 따라 그릇에 담는 능력			
	양념장을 곁들일 수 있는 능력			

서술형 시험

학습내용	평가 항목	성취수준		
		상	중	하
생채·회 재료 준비	필요한 도구를 준비하는 방법			
	재료를 정확하게 계량하는 방법			
생채·회 조리	생채를 신선하게 조리하는 방법			
	회 조리 시 유의해야 하는 점			
그릇 선택	그릇을 선택하는 방법			
생채·회 담아 완성	메뉴에 따라 그릇에 담는 방법			
	고명을 곁들이는 방법			

작업장 평가

학습내용	평가 항목	성취수준		
		상	중	하
생채·회 재료 준비	필요한 도구를 준비하는 능력			
	재료를 정확하게 계량하는 능력			
생채·회 조리	생채를 신선하게 조리하는 능력			
	생채에 양념을 버무리는 능력			
	숙회 시 불조절을 하는 능력			
그릇 선택	그릇을 선택하는 능력			
생채·회 담아 완성	메뉴에 따라 그릇에 담는 능력			
	고명을 곁들이는 능력			

학습자 완성품 사진

어채

재료

- 흰살 생선(민어) 200g
- 소금 1작은술
- 흰 후춧가루 약간
- 생강즙 1/4작은술
- 오이 1/2개
- 붉은 고추 1/2개
- 린 표고버섯 2장
- 마른 석이버섯 2장
- 달걀 1개
- 녹말가루 3큰술
- 소금 약간

초고추장

- 고추장 2큰술
- 식초 1큰술
- 설탕 1작은술
- 마늘즙 1작은술
- 잣 1작은술

만드는 법

재료 확인하기

1 흰살 생선, 소금, 후춧가루, 생강즙, 오이, 붉은 고추, 표고버섯, 석이버섯, 달걀, 녹말가루 등을 확인한다.

사용할 도구 선택하기

2 프라이팬, 냄비, 나무젓가락 등을 선택하여 준비한다.

재료 계량하기

3 각각의 재료 분량을 컵과 계량스푼, 저울로 계량하기

재료 준비하기

4 민어는 지느러미를 제거하고 비늘을 긁고 내장을 빼낸다. 살만 두 장으로 넓게 떠서 껍질을 벗기고 한입 크기로 저민다. 소금, 후추로 간을 한다.
5 오이와 붉은 고추를 3cm×2cm 크기로 썬다.
6 표고버섯과 석이버섯을 불려서 손질한 다음 3cm×2cm 크기로 썬다.
7 잣은 고깔을 떼고 면포로 닦아 다진다.

조리하기

8 달걀을 황·백으로 나누어 지단을 부친 다음 3cm×2cm 길이로 썬다.
9 냄비에 물을 넉넉히 붓고 끓인다. 준비한 채소에 녹말가루를 고루 묻혀서 데친다. 생선도 마찬가지로 데친 다음 찬물에 재빨리 헹군다.
10 잣가루를 빼고 모든 재료를 섞어 초고추장을 만든다.

담아 완성하기

11 어채 담을 그릇을 선택한다.
12 그릇에 어채를 담는다. 초고추장에 잣가루를 고명으로 얹어 어채에 곁들인다.

평가자 체크리스트

학습내용	평가 항목	성취수준		
		상	중	하
생채·회 재료 준비	필요한 도구를 준비하는 능력			
	재료를 정확하게 계량하는 능력			
생채·회 조리	양념의 비율을 조절하여 버무리는 능력			
	메뉴에 따라 회를 익혀서 조리하는 능력			
그릇 선택	그릇을 선택하는 능력			
생채·회 담아 완성	메뉴에 따라 그릇에 담는 능력			
	양념장을 곁들일 수 있는 능력			

서술형 시험

학습내용	평가 항목	성취수준		
		상	중	하
생채·회 재료 준비	필요한 도구를 준비하는 방법			
	재료를 정확하게 계량하는 방법			
생채·회 조리	생채를 신선하게 조리하는 방법			
	회 조리 시 유의해야 하는 점			
그릇 선택	그릇을 선택하는 방법			
생채·회 담아 완성	메뉴에 따라 그릇에 담는 방법			
	고명을 곁들이는 방법			

작업장 평가

학습내용	평가 항목	성취수준		
		상	중	하
생채·회 재료 준비	필요한 도구를 준비하는 능력			
	재료를 정확하게 계량하는 능력			
생채·회 조리	생채를 신선하게 조리하는 능력			
	생채에 양념을 버무리는 능력			
	숙회 시 불조절을 하는 능력			
그릇 선택	그릇을 선택하는 능력			
생채·회 담아 완성	메뉴에 따라 그릇에 담는 능력			
	고명을 곁들이는 능력			

학습자 완성품 사진

수험자 유의사항

1) 만드는 순서에 유의하며, 위생과 숙련된 기능평가를 위하여 조리작업 시 맛을 보지 않습니다.
2) 지정된 수험자 지참준비물 이외의 조리기구나 재료를 시험장 내에 지참할 수 없습니다.
3) 지급재료는 시험 전 확인하여 이상이 있을 경우 시험위원으로부터 조치를 받고 시험 중에는 재료의 교환 및 추가지급은 하지 않습니다.
4) 요구사항 및 지급재료의 규격은 "정도"의 의미를 포함하며, 재료의 크기에 따라 가감하여 채점됩니다.
5) 위생복, 위생모, 앞치마, 마스크를 착용하여야 하며, 시험장비 · 조리기구 취급 등 안전에 유의합니다.
6) 다음 사항은 실격에 해당하여 채점 대상에서 제외됩니다.
   가) 수험자 본인이 시험 도중 시험에 대한 포기 의사를 표현하는 경우
   나) 위생복, 위생모, 앞치마, 마스크를 착용하지 않은 경우
   다) 시험시간 내에 과제 두 가지를 제출하지 못한 경우
   라) 문제의 요구사항대로 과제의 수량이 만들어지지 않은 경우
   마) 구이를 조림 등으로 조리하여 완성품을 요구사항과 다르게 만든 경우
   바) 불을 사용하여 만든 조리작품이 작품특성에 벗어나는 정도로 타거나 익지 않은 경우
   사) 해당 과제의 지급재료 이외 재료를 사용하거나 석쇠 등 요구사항의 조리기구를 사용하지 않은 경우
   아) 지정된 수험자 지참준비물 이외의 조리기구를 조리에 사용한 경우
   자) 가스레인지 화구 2개 이상(2개 포함) 사용한 경우
   차) 시험 중 시설 · 장비(칼, 가스레인지 등) 사용 시 시험위원 및 타 수험자의 시험 진행에 위해를 일으킬 것으로 시험위원 전원이 합의하여 판단한 경우
   카) 요구사항에 표시된 실격 및 부정행위에 해당하는 경우
7) 항목별 배점은 위생상태 및 안전관리 5점, 조리기술 30점, 작품의 평가 15점입니다.
8) 시험시작 전 가벼운 몸 풀기(스트레칭) 동작으로 긴장을 풀고 시험을 시작합니다.

한식조리기능사
실기 품목

요구사항

※ 주어진 재료를 사용하여 다음과 같이 무생채를 만드시오.

가. 무는 0.2cm×0.2cm×6cm로 썰어 사용하시오.

나. 생채는 고춧가루를 사용하시오.

다. 무생채는 70g 이상 제출하시오.

무생채

시험시간
15분
조리기능사 실기 품목

재료

- 무(길이 7cm) 120g
- 소금(정제염) 5g
- 고춧가루 10g
- 흰설탕 10g
- 식초 5ml
- 대파(흰부분, 4cm) 1토막
- 마늘(중, 깐 것) 1쪽
- 깨소금 5g
- 생강 5g

만드는 법

재료 확인하기

1 무, 고춧가루, 설탕, 다진 대파 등 확인하기

사용할 도구 선택하기

2 믹싱볼, 나무젓가락 등을 선택하여 준비한다.

재료 계량하기

3 각각의 재료 분량을 컵과 계량스푼, 저울로 계량하기

재료 준비하기

4 무는 깨끗이 씻은 후 길이 6cm×0.2cm×0.2cm로 결대로 채 썬다.
5 마늘과 대파는 씻어서 곱게 다진다.
6 생강은 껍질을 벗기고 강판에 갈아 즙을 만든다.

양념하기

7 소금 1작은술, 설탕 2작은술, 대파 1/2작은술, 마늘 1/2작은술, 생강즙 1/4작은술, 깨소금 1작은술, 식초 1작은술을 섞어 양념을 만든다.

조리하기

8 채 썬 무에 고춧가루를 넣고 버무려 고춧물을 들인다.
9 고춧물이 든 무에 양념을 버무린다.

담아 완성하기

10 무생채 담을 그릇을 선택한다.
11 그릇에 무생채를 70g 담는다.

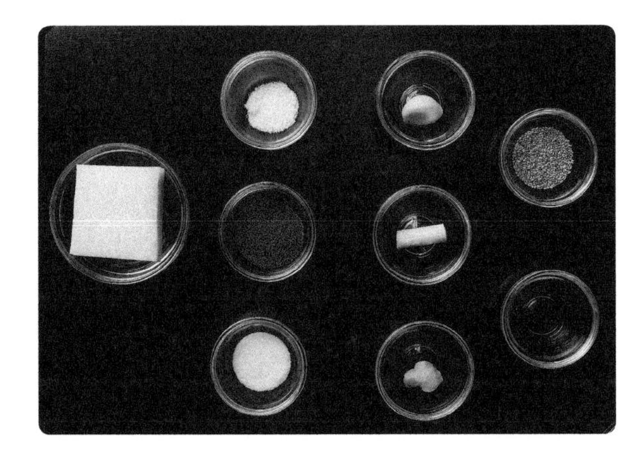

평가자 체크리스트

학습내용	평가 항목	성취수준		
		상	중	하
생채·회 재료 준비	필요한 도구를 준비하는 능력			
	재료를 정확하게 계량하는 능력			
생채·회 조리	양념의 비율을 조절하여 버무리는 능력			
	메뉴에 따라 회를 익혀서 조리하는 능력			
그릇 선택	그릇을 선택하는 능력			
생채·회 담아 완성	메뉴에 따라 그릇에 담는 능력			
	양념장을 곁들일 수 있는 능력			

서술형 시험

학습내용	평가 항목	성취수준		
		상	중	하
생채·회 재료 준비	필요한 도구를 준비하는 방법			
	재료를 정확하게 계량하는 방법			
생채·회 조리	생채를 신선하게 조리하는 방법			
	회 조리 시 유의해야 하는 점			
그릇 선택	그릇을 선택하는 방법			
생채·회 담아 완성	메뉴에 따라 그릇에 담는 방법			
	고명을 곁들이는 방법			

작업장 평가

학습내용	평가 항목	성취수준		
		상	중	하
생채·회 재료 준비	필요한 도구를 준비하는 능력			
	재료를 정확하게 계량하는 능력			
생채·회 조리	생채를 신선하게 조리하는 능력			
	생채에 양념을 버무리는 능력			
	숙회 시 불조절을 하는 능력			
그릇 선택	그릇을 선택하는 능력			
생채·회 담아 완성	메뉴에 따라 그릇에 담는 능력			
	고명을 곁들이는 능력			

학습자 완성품 사진

요구사항

※ 주어진 재료를 사용하여 다음과 같이 더덕생채를 만드시오.

가. 더덕은 5cm로 썰어 두들겨 편 후 찢어서 쓴맛을 제거하여 사용하시오.

나. 고춧가루로 양념하고, 전량 제출하시오.

더덕생채

시험시간
20분
조리기능사 실기 품목

재료

- 통더덕(껍질 있는 것, 길이 10~15cm) 2개
- 마늘 1쪽
- 흰설탕 5g
- 식초 5ml
- 대파(흰부분, 4cm) 1토막
- 소금 5g
- 깨소금 5g
- 고춧가루 20g

만드는 법

재료 확인하기

1 더덕, 고춧가루, 소금, 간장, 설탕, 마늘, 대파 등 확인하기

사용할 도구 선택하기

2 믹싱볼, 밀대, 나무젓가락 등을 선택하여 준비한다.

재료 계량하기

3 각각의 재료 분량을 컵과 계량스푼, 저울로 계량하기

재료 준비하기

4 더덕은 솔로 문질러 깨끗하게 씻은 뒤 껍질을 벗겨서 5cm 길이로 썰어 소금물에 담근다.

5 깐 더덕은 방망이로 살살 두들겨 편다. 더덕을 가늘고 길게 찢는다.

6 마늘과 대파는 씻어서 곱게 다진다.

양념장 만들기

7 고춧가루 1큰술, 소금 1/2작은술, 설탕 1작은술, 다진 대파 1작은술, 다진 마늘 1/2작은술, 깨소금 1/2작은술, 식초 1작은술을 섞어 양념을 만든다.

조리하기

8 찢은 더덕에 양념을 넣어 고루 버무린다.

담아 완성하기

9 더덕생채 담을 그릇을 선택한다.

10 그릇에 더덕생채를 담는다.

평가자 체크리스트

학습내용	평가 항목	성취수준		
		상	중	하
생채·회 재료 준비	필요한 도구를 준비하는 능력			
	재료를 정확하게 계량하는 능력			
생채·회 조리	양념의 비율을 조절하여 버무리는 능력			
	메뉴에 따라 회를 익혀서 조리하는 능력			
그릇 선택	그릇을 선택하는 능력			
생채·회 담아 완성	메뉴에 따라 그릇에 담는 능력			
	양념장을 곁들일 수 있는 능력			

서술형 시험

학습내용	평가 항목	성취수준		
		상	중	하
생채·회 재료 준비	필요한 도구를 준비하는 방법			
	재료를 정확하게 계량하는 방법			
생채·회 조리	생채를 신선하게 조리하는 방법			
	회 조리 시 유의해야 하는 점			
그릇 선택	그릇을 선택하는 방법			
생채·회 담아 완성	메뉴에 따라 그릇에 담는 방법			
	고명을 곁들이는 방법			

작업장 평가

학습내용	평가 항목	성취수준		
		상	중	하
생채·회 재료 준비	필요한 도구를 준비하는 능력			
	재료를 정확하게 계량하는 능력			
생채·회 조리	생채를 신선하게 조리하는 능력			
	생채에 양념을 버무리는 능력			
	숙회 시 불조절을 하는 능력			
그릇 선택	그릇을 선택하는 능력			
생채·회 담아 완성	메뉴에 따라 그릇에 담는 능력			
	고명을 곁들이는 능력			

학습자 완성품 사진

요구사항

※ 주어진 재료를 사용하여 다음과 같이 도라지생채를 만드시오.

가. 도라지는 0.3cm x 0.3cm x 6cm로 써시오.

나. 생채는 고추장과 고춧가루 양념으로 무쳐 제출하시오.

도라지생채

시험시간
15분

조리기능사 실기 품목

재료

- 통도라지(껍질 있는 것) 3개
- 소금(정제염) 5g
- 고추장 20g
- 흰설탕 10g
- 식초 15ml
- 대파(흰부분, 4cm) 1토막
- 마늘(중, 깐것) 1쪽
- 고춧가루 10g
- 깨소금 5g

만드는 법

재료 확인하기

1 통도라지, 고추장, 고춧가루, 소금, 설탕, 다진 대파, 다진 마늘, 참깨 등 확인하기

사용할 도구 선택하기

2 믹싱볼, 나무젓가락 등을 선택하여 준비한다.

재료 계량하기

3 각각의 재료 분량을 컵과 계량스푼, 저울로 계량하기

재료 준비하기

4 도라지는 깨끗하게 씻어 돌려가면서 껍질을 벗긴다.
5 도라지는 0.3cm×6cm 편으로 썰어 0.3cm로 채를 썬다.
6 소금물에 채 썬 도라지를 자박자박 주물러 물에 헹군다.
7 마늘과 대파는 씻어서 곱게 다진다.

양념장 만들기

8 고추장 2작은술, 고춧가루 1작은술, 소금 1/2작은술, 설탕 2작은술, 다진 대파 1/2작은술, 다진 마늘 1/2작은술, 섞어 양념을 만든다.

조리하기

9 채 썬 도라지에 양념장을 넣어 골고루 무친다.

담아 완성하기

10 도라지생채에 맞는 그릇을 선택한다.
11 그릇에 도라지생채를 담는다.

평가자 체크리스트

학습내용	평가 항목	성취수준		
		상	중	하
생채·회 재료 준비	필요한 도구를 준비하는 능력			
	재료를 정확하게 계량하는 능력			
생채·회 조리	양념의 비율을 조절하여 버무리는 능력			
	메뉴에 따라 회를 익혀서 조리하는 능력			
그릇 선택	그릇을 선택하는 능력			
생채·회 담아 완성	메뉴에 따라 그릇에 담는 능력			
	양념장을 곁들일 수 있는 능력			

서술형 시험

학습내용	평가 항목	성취수준		
		상	중	하
생채·회 재료 준비	필요한 도구를 준비하는 방법			
	재료를 정확하게 계량하는 방법			
생채·회 조리	생채를 신선하게 조리하는 방법			
	회 조리 시 유의해야 하는 점			
그릇 선택	그릇을 선택하는 방법			
생채·회 담아 완성	메뉴에 따라 그릇에 담는 방법			
	고명을 곁들이는 방법			

작업장 평가

학습내용	평가 항목	성취수준		
		상	중	하
생채·회 재료 준비	필요한 도구를 준비하는 능력			
	재료를 정확하게 계량하는 능력			
생채·회 조리	생채를 신선하게 조리하는 능력			
	생채에 양념을 버무리는 능력			
	숙회 시 불조절을 하는 능력			
그릇 선택	그릇을 선택하는 능력			
생채·회 담아 완성	메뉴에 따라 그릇에 담는 능력			
	고명을 곁들이는 능력			

학습자 완성품 사진

요구사항

※ 주어진 재료를 사용하여 다음과 같이 겨자채를 만드시오.

가. 채소, 편육, 황 · 백지단, 배는 0.3cm×1cm×4cm로 써시오.

나. 밤은 모양대로 납작하게 써시오.

다. 겨자는 발효시켜 매운맛이 나도록 하여 간을 맞춘 후 재료를 무쳐서 담고, 잣은 고명으로 올리시오.

겨자채

조리기능사 실기 품목

재료

- 양배추(길이 5cm) 50g
- 오이(가늘고 곧은 것, 길이 20cm) 1/3개
- 당근(곧은 것, 길이 7cm) 50g
- 소고기(살코기, 길이 5cm) 50g
- 밤(생것, 껍질 깐 것) 2개
- 달걀 1개
- 배(중, 길이로 등분, 50g) 1/8개
- 흰설탕 20g
- 잣(깐 것) 5개
- 소금(정제염) 5g
- 식초 10ml
- 진간장 5ml
- 겨잣가루 6g
- 식용유 10ml

만드는 법

재료 확인하기

1 소고기 양지머리, 오이, 당근, 양배추, 깐 밤, 잣, 달걀, 배, 식용유 등 확인하기

사용할 도구 선택하기

2 프라이팬, 나무젓가락 등을 선택하여 준비한다.

재료 계량하기

3 각각의 재료 분량을 컵과 계량스푼, 저울로 계량하기

재료 준비하기

4 오이, 당근, 양배추는 씻어서 0.3cm×1cm×4cm 크기로 썰어 찬물에 담가 놓는다.

5 배는 0.3cm×1cm×4cm 크기로 썰어 설탕물에 담가 놓는다.

6 밤은 편으로 썬다.

7 잣은 고깔을 떼고 마른 면포로 닦아 놓는다.

8 발효겨자 1작은술, 설탕 2작술, 식초 2작은술, 간장 1/2작은술, 소금 1/2작은술을 잘 섞어 겨자장을 만든다.

조리하기

9 냄비에 물을 부어 끓으면 소고기를 삶아 편육을 만든 뒤 0.3cm×1cm×4cm 크기로 썬다.

10 달걀은 황·백으로 지단을 부쳐 0.3cm×1cm×4cm 크기로 썬다.

11 준비한 재료를 겨자즙으로 버무린다.

담아 완성하기

12 겨자채 담을 그릇을 선택한다.

13 그릇에 겨자채를 담고 잣을 고명으로 올린다.

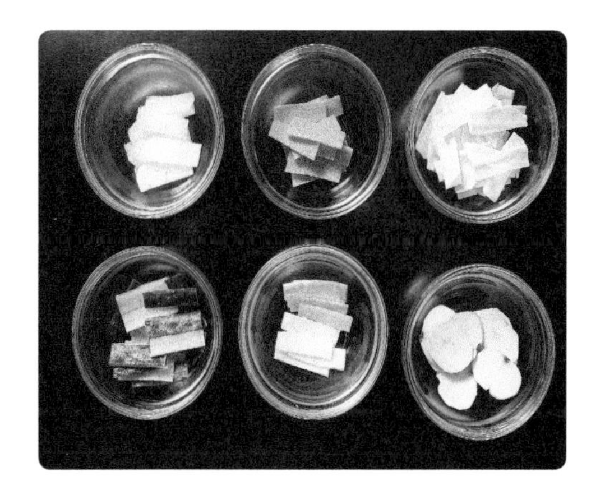

평가자 체크리스트

학습내용	평가 항목	성취수준		
		상	중	하
생채·회 재료 준비	필요한 도구를 준비하는 능력			
	재료를 정확하게 계량하는 능력			
생채·회 조리	양념의 비율을 조절하여 버무리는 능력			
	메뉴에 따라 회를 익혀서 조리하는 능력			
그릇 선택	그릇을 선택하는 능력			
생채·회 담아 완성	메뉴에 따라 그릇에 담는 능력			
	양념장을 곁들일 수 있는 능력			

서술형 시험

학습내용	평가 항목	성취수준		
		상	중	하
생채·회 재료 준비	필요한 도구를 준비하는 방법			
	재료를 정확하게 계량하는 방법			
생채·회 조리	생채를 신선하게 조리하는 방법			
	회 조리 시 유의해야 하는 점			
그릇 선택	그릇을 선택하는 방법			
생채·회 담아 완성	메뉴에 따라 그릇에 담는 방법			
	고명을 곁들이는 방법			

작업장 평가

학습내용	평가 항목	성취수준		
		상	중	하
생채·회 재료 준비	필요한 도구를 준비하는 능력			
	재료를 정확하게 계량하는 능력			
생채·회 조리	생채를 신선하게 조리하는 능력			
	생채에 양념을 버무리는 능력			
	숙회 시 불조절을 하는 능력			
그릇 선택	그릇을 선택하는 능력			
생채·회 담아 완성	메뉴에 따라 그릇에 담는 능력			
	고명을 곁들이는 능력			

학습자 완성품 사진

요구사항

※ 주어진 재료를 사용하여 다음과 같이 육회를 만드시오.

가. 소고기는 0.3cm x 0.3cm x 6cm로 썰어 소금 양념으로 하시오.

나. 마늘은 편으로 썰어 장식하고 잣가루를 고명으로 얹으시오.

다. 소고기는 손질하여 전량 사용하시오.

육회

시험시간
20분
조리기능사 실기 품목

재료

- 소고기(살코기) 90g
- 배(중, 100g) 1/4개
- 잣(깐 것) 5개
- 소금(정제염) 5g
- 마늘(중, 깐 것) 3쪽
- 대파(흰부분, 4cm) 2토막
- 검은후춧가루 2g
- 참기름 10ml
- 흰설탕 30g
- 깨소금 5g

만드는 법

재료 확인하기

1 소고기 우둔살, 배, 마늘, 잣, 소금, 설탕 등 확인하기

사용할 도구 선택하기

2 믹싱볼, 나무젓가락 등을 선택하여 준비한다.

재료 계량하기

3 각각의 재료 분량을 컵과 계량스푼, 저울로 계량하기

재료 준비하기

4 소고기 우둔살은 힘줄이나 기름을 제거하고 0.3cm×0.3cm×6cm 크기로 채를 썬다.
5 배는 껍질을 벗기고 0.3cm 두께로 채를 썬다.
6 마늘은 편으로 썬다.
7 잣은 고깔을 떼고 면포로 닦아 곱게 다진다.
8 마늘과 대파는 씻어서 곱게 다진다.

양념장 만들기

9 소금 1작은술, 설탕 2큰술, 다진 대파 1작은술, 다진 마늘 1/2작은술, 깨소금 1작은술, 참기름 2작은술, 후춧가루 약간을 잘 섞어 고기양념을 만든다.

조리하기

10 채 썬 고기는 고기양념으로 버무린다.

담아 완성하기

11 육회 담을 그릇을 선택한다.
12 그릇에 배, 마늘을 곁들여 육회를 담고 잣가루를 고명으로 얹는다.

평가자 체크리스트

학습내용	평가 항목	성취수준		
		상	중	하
생채·회 재료 준비	필요한 도구를 준비하는 능력			
	재료를 정확하게 계량하는 능력			
생채·회 조리	양념의 비율을 조절하여 버무리는 능력			
	메뉴에 따라 회를 익혀서 조리하는 능력			
그릇 선택	그릇을 선택하는 능력			
생채·회 담아 완성	메뉴에 따라 그릇에 담는 능력			
	양념장을 곁들일 수 있는 능력			

서술형 시험

학습내용	평가 항목	성취수준		
		상	중	하
생채·회 재료 준비	필요한 도구를 준비하는 방법			
	재료를 정확하게 계량하는 방법			
생채·회 조리	생채를 신선하게 조리하는 방법			
	회 조리 시 유의해야 하는 점			
그릇 선택	그릇을 선택하는 방법			
생채·회 담아 완성	메뉴에 따라 그릇에 담는 방법			
	고명을 곁들이는 방법			

작업장 평가

학습내용	평가 항목	성취수준		
		상	중	하
생채·회 재료 준비	필요한 도구를 준비하는 능력			
	재료를 정확하게 계량하는 능력			
생채·회 조리	생채를 신선하게 조리하는 능력			
	생채에 양념을 버무리는 능력			
	숙회 시 불조절을 하는 능력			
그릇 선택	그릇을 선택하는 능력			
생채·회 담아 완성	메뉴에 따라 그릇에 담는 능력			
	고명을 곁들이는 능력			

학습자 완성품 사진

요구사항

※ 주어진 재료를 사용하여 다음과 같이 미나리강회를 만드시오.

가. 강회의 폭은 1.5cm, 길이는 5cm로 만드시오.

나. 붉은 고추의 폭은 0.5cm, 길이는 4cm로 만드시오.

다. 강회는 8개 만들어 초고추장과 함께 제출하시오.

미나리강회

시험시간
35분

조리기능사 실기 품목

재료

- 소고기(살코기, 길이 7cm) 80g
- 미나리(줄기부분) 30g
- 홍고추(생) 1개
- 달걀 2개
- 고추장 15g
- 식초 5ml
- 흰설탕 5g
- 소금(정제염) 5g
- 식용유 10ml

만드는 법

재료 확인하기

1 미나리, 달걀, 붉은 고추, 소고기, 소금, 고추장 등 확인하기

사용할 도구 선택하기

2 프라이팬, 냄비, 나무젓가락 등을 선택하여 준비한다.

재료 계량하기

3 각각의 재료 분량을 컵과 계량스푼, 저울로 계량하기

재료 준비하기

4 미나리는 잎을 떼고 다듬어 씻는다.
5 붉은 고추는 씨를 제거하고 4cm×0.5cm×0.5cm 크기로 썬다.
6 소고기는 찬물에 담가 핏물을 제거한다.

양념장 만들기

7 고추장 1큰술, 식초 1작은술, 설탕 1작은술을 잘 섞어 초고추장을 만든다.

조리하기

8 소고기는 덩어리로 삶는다. 잘 삶아진 고기는 4cm×1.5cm×0.5cm 크기로 썬다.
9 미나리는 끓는 소금물에 데쳐 물기를 제거한다.
10 달걀은 잘 풀어서 황·백으로 지단을 부친다. 4cm×1.5cm 크기로 썬다.
11 미나리 하나를 들고 달걀, 고추, 편육을 보기 좋게 돌돌 만다.

담아 완성하기

12 미나리강회 담을 그릇을 선택한다.
13 그릇에 보기 좋게 미나리강회를 담는다. 초고추장을 곁들인다.

평가자 체크리스트

학습내용	평가 항목	성취수준		
		상	중	하
생채·회 재료 준비	필요한 도구를 준비하는 능력			
	재료를 정확하게 계량하는 능력			
생채·회 조리	양념의 비율을 조절하여 버무리는 능력			
	메뉴에 따라 회를 익혀서 조리하는 능력			
그릇 선택	그릇을 선택하는 능력			
생채·회 담아 완성	메뉴에 따라 그릇에 담는 능력			
	양념장을 곁들일 수 있는 능력			

서술형 시험

학습내용	평가 항목	성취수준		
		상	중	하
생채·회 재료 준비	필요한 도구를 준비하는 방법			
	재료를 정확하게 계량하는 방법			
생채·회 조리	생채를 신선하게 조리하는 방법			
	회 조리 시 유의해야 하는 점			
그릇 선택	그릇을 선택하는 방법			
생채·회 담아 완성	메뉴에 따라 그릇에 담는 방법			
	고명을 곁들이는 방법			

작업장 평가

학습내용	평가 항목	성취수준		
		상	중	하
생채·회 재료 준비	필요한 도구를 준비하는 능력			
	재료를 정확하게 계량하는 능력			
생채·회 조리	생채를 신선하게 조리하는 능력			
	생채에 양념을 버무리는 능력			
	숙회 시 불조절을 하는 능력			
그릇 선택	그릇을 선택하는 능력			
생채·회 담아 완성	메뉴에 따라 그릇에 담는 능력			
	고명을 곁들이는 능력			

학습자 완성품 사진

일일 개인위생 점검표(입실준비)

점검일 :　　년　월　일　　이름 :

점검 항목	착용 및 실시 여부	점검결과		
		양호	보통	미흡
조리모				
두발의 형태에 따른 손질(머리망 등)				
조리복 상의				
조리복 바지				
앞치마				
스카프				
안전화				
손톱의 길이 및 매니큐어 여부				
반지, 시계, 팔찌 등				
짙은 화장				
향수				
손 씻기				
상처유무 및 적절한 조치				
흰색 행주 지참				
사이드 타월				
개인용 조리도구				

일일 위생 점검표(퇴실준비)

점검일 :　　년　월　일　　이름 :

점검 항목	착용 및 실시 여부	점검결과		
		양호	보통	미흡
그릇, 기물 세척 및 정리정돈				
기계, 도구, 장비 세척 및 정리정돈				
작업대 청소 및 물기 제거				
가스레인지 또는 인덕션 청소				
양념통 정리				
남은 재료 정리정돈				
음식 쓰레기 처리				
개수대 청소				
수도 주변 및 세제 관리				
바닥 청소				
청소도구 정리정돈				
전기 및 Gas 체크				

_____ 주차

일일 개인위생 점검표(입실준비)

점검일 :　　년　월　일　　이름 :				
점검 항목	착용 및 실시 여부	점검결과		
		양호	보통	미흡
조리모				
두발의 형태에 따른 손질(머리망 등)				
조리복 상의				
조리복 바지				
앞치마				
스카프				
안전화				
손톱의 길이 및 매니큐어 여부				
반지, 시계, 팔찌 등				
짙은 화장				
향수				
손 씻기				
상처유무 및 적절한 조치				
흰색 행주 지참				
사이드 타월				
개인용 조리도구				

일일 위생 점검표(퇴실준비)

점검일 :　　년　월　일　　이름 :				
점검 항목	착용 및 실시 여부	점검결과		
		양호	보통	미흡
그릇, 기물 세척 및 정리정돈				
기계, 도구, 장비 세척 및 정리정돈				
작업대 청소 및 물기 제거				
가스레인지 또는 인덕션 청소				
양념통 정리				
남은 재료 정리정돈				
음식 쓰레기 처리				
개수대 청소				
수도 주변 및 세제 관리				
바닥 청소				
청소도구 정리정돈				
전기 및 Gas 체크				

일일 개인위생 점검표(입실준비)

점검일 : 년 월 일 이름 :

점검 항목	착용 및 실시 여부	점검결과		
		양호	보통	미흡
조리모				
두발의 형태에 따른 손질(머리망 등)				
조리복 상의				
조리복 바지				
앞치마				
스카프				
안전화				
손톱의 길이 및 매니큐어 여부				
반지, 시계, 팔찌 등				
짙은 화장				
향수				
손 씻기				
상처유무 및 적절한 조치				
흰색 행주 지참				
사이드 타월				
개인용 조리도구				

일일 위생 점검표(퇴실준비)

점검일 : 년 월 일 이름 :

점검 항목	착용 및 실시 여부	점검결과		
		양호	보통	미흡
그릇, 기물 세척 및 정리정돈				
기계, 도구, 장비 세척 및 정리정돈				
작업대 청소 및 물기 제거				
가스레인지 또는 인덕션 청소				
양념통 정리				
남은 재료 정리정돈				
음식 쓰레기 처리				
개수대 청소				
수도 주변 및 세제 관리				
바닥 청소				
청소도구 정리정돈				
전기 및 Gas 체크				

일일 개인위생 점검표(입실준비)

점검일 :　　년　　월　　일　　　이름 :

점검 항목	착용 및 실시 여부	점검결과		
		양호	보통	미흡
조리모				
두발의 형태에 따른 손질(머리망 등)				
조리복 상의				
조리복 바지				
앞치마				
스카프				
안전화				
손톱의 길이 및 매니큐어 여부				
반지, 시계, 팔찌 등				
짙은 화장				
향수				
손 씻기				
상처유무 및 적절한 조치				
흰색 행주 지참				
사이드 타월				
개인용 조리도구				

일일 위생 점검표(퇴실준비)

점검일 :　　년　　월　　일　　　이름 :

점검 항목	착용 및 실시 여부	점검결과		
		양호	보통	미흡
그릇, 기물 세척 및 정리정돈				
기계, 도구, 장비 세척 및 정리정돈				
작업대 청소 및 물기 제거				
가스레인지 또는 인덕션 청소				
양념통 정리				
남은 재료 정리정돈				
음식 쓰레기 처리				
개수대 청소				
수도 주변 및 세제 관리				
바닥 청소				
청소도구 정리정돈				
전기 및 Gas 체크				

_____ 주차

일일 개인위생 점검표(입실준비)

점검일 : 년 월 일 이름 :				
점검 항목	착용 및 실시 여부	점검결과		
		양호	보통	미흡
조리모				
두발의 형태에 따른 손질(머리망 등)				
조리복 상의				
조리복 바지				
앞치마				
스카프				
안전화				
손톱의 길이 및 매니큐어 여부				
반지, 시계, 팔찌 등				
짙은 화장				
향수				
손 씻기				
상처유무 및 적절한 조치				
흰색 행주 지참				
사이드 타월				
개인용 조리도구				

일일 위생 점검표(퇴실준비)

점검일 : 년 월 일 이름 :				
점검 항목	착용 및 실시 여부	점검결과		
		양호	보통	미흡
그릇, 기물 세척 및 정리정돈				
기계, 도구, 장비 세척 및 정리정돈				
작업대 청소 및 물기 제거				
가스레인지 또는 인덕션 청소				
양념통 정리				
남은 재료 정리정돈				
음식 쓰레기 처리				
개수대 청소				
수도 주변 및 세제 관리				
바닥 청소				
청소도구 정리정돈				
전기 및 Gas 체크				

_____ 주차

일일 개인위생 점검표(입실준비)

점검일 : 년 월 일 이름 :				
점검 항목	착용 및 실시 여부	점검결과		
		양호	보통	미흡
조리모				
두발의 형태에 따른 손질(머리망 등)				
조리복 상의				
조리복 바지				
앞치마				
스카프				
안전화				
손톱의 길이 및 매니큐어 여부				
반지, 시계, 팔찌 등				
짙은 화장				
향수				
손 씻기				
상처유무 및 적절한 조치				
흰색 행주 지참				
사이드 타월				
개인용 조리도구				

일일 위생 점검표(퇴실준비)

점검일 : 년 월 일 이름 :				
점검 항목	착용 및 실시 여부	점검결과		
		양호	보통	미흡
그릇, 기물 세척 및 정리정돈				
기계, 도구, 장비 세척 및 정리정돈				
작업대 청소 및 물기 제거				
가스레인지 또는 인덕션 청소				
양념통 정리				
남은 재료 정리정돈				
음식 쓰레기 처리				
개수대 청소				
수도 주변 및 세제 관리				
바닥 청소				
청소도구 정리정돈				
전기 및 Gas 체크				

일일 개인위생 점검표(입실준비)

점검일 : 년 월 일 이름 :				
점검 항목	착용 및 실시 여부	점검결과		
		양호	보통	미흡
조리모				
두발의 형태에 따른 손질(머리망 등)				
조리복 상의				
조리복 바지				
앞치마				
스카프				
안전화				
손톱의 길이 및 매니큐어 여부				
반지, 시계, 팔찌 등				
짙은 화장				
향수				
손 씻기				
상처유무 및 적절한 조치				
흰색 행주 지참				
사이드 타월				
개인용 조리도구				

일일 위생 점검표(퇴실준비)

점검일 : 년 월 일 이름 :				
점검 항목	착용 및 실시 여부	점검결과		
		양호	보통	미흡
그릇, 기물 세척 및 정리정돈				
기계, 도구, 장비 세척 및 정리정돈				
작업대 청소 및 물기 제거				
가스레인지 또는 인덕션 청소				
양념통 정리				
남은 재료 정리정돈				
음식 쓰레기 처리				
개수대 청소				
수도 주변 및 세제 관리				
바닥 청소				
청소도구 정리정돈				
전기 및 Gas 체크				

_____ 주차

일일 개인위생 점검표(입실준비)

점검일 : 년 월 일 이름 :				
점검 항목	착용 및 실시 여부	점검결과		
		양호	보통	미흡
조리모				
두발의 형태에 따른 손질(머리망 등)				
조리복 상의				
조리복 바지				
앞치마				
스카프				
안전화				
손톱의 길이 및 매니큐어 여부				
반지, 시계, 팔찌 등				
짙은 화장				
향수				
손 씻기				
상처유무 및 적절한 조치				
흰색 행주 지참				
사이드 타월				
개인용 조리도구				

일일 위생 점검표(퇴실준비)

점검일 : 년 월 일 이름 :				
점검 항목	착용 및 실시 여부	점검결과		
		양호	보통	미흡
그릇, 기물 세척 및 정리정돈				
기계, 도구, 장비 세척 및 정리정돈				
작업대 청소 및 물기 제거				
가스레인지 또는 인덕션 청소				
양념통 정리				
남은 재료 정리정돈				
음식 쓰레기 처리				
개수대 청소				
수도 주변 및 세제 관리				
바닥 청소				
청소도구 정리정돈				
전기 및 Gas 체크				

일일 개인위생 점검표(입실준비)

점검일 :　　년　　월　　일　　　이름 :

점검 항목	착용 및 실시 여부	점검결과		
		양호	보통	미흡
조리모				
두발의 형태에 따른 손질(머리망 등)				
조리복 상의				
조리복 바지				
앞치마				
스카프				
안전화				
손톱의 길이 및 매니큐어 여부				
반지, 시계, 팔찌 등				
짙은 화장				
향수				
손 씻기				
상처유무 및 적절한 조치				
흰색 행주 지참				
사이드 타월				
개인용 조리도구				

일일 위생 점검표(퇴실준비)

점검일 :　　년　　월　　일　　　이름 :

점검 항목	착용 및 실시 여부	점검결과		
		양호	보통	미흡
그릇, 기물 세척 및 정리정돈				
기계, 도구, 장비 세척 및 정리정돈				
작업대 청소 및 물기 제거				
가스레인지 또는 인덕션 청소				
양념통 정리				
남은 재료 정리정돈				
음식 쓰레기 처리				
개수대 청소				
수도 주변 및 세제 관리				
바닥 청소				
청소도구 정리정돈				
전기 및 Gas 체크				

_____ 주차

일일 개인위생 점검표(입실준비)

점검일 : 년 월 일 이름 :				
점검 항목	착용 및 실시 여부	점검결과		
		양호	보통	미흡
조리모				
두발의 형태에 따른 손질(머리망 등)				
조리복 상의				
조리복 바지				
앞치마				
스카프				
안전화				
손톱의 길이 및 매니큐어 여부				
반지, 시계, 팔찌 등				
짙은 화장				
향수				
손 씻기				
상처유무 및 적절한 조치				
흰색 행주 지참				
사이드 타월				
개인용 조리도구				

일일 위생 점검표(퇴실준비)

점검일 : 년 월 일 이름 :				
점검 항목	착용 및 실시 여부	점검결과		
		양호	보통	미흡
그릇, 기물 세척 및 정리정돈				
기계, 도구, 장비 세척 및 정리정돈				
작업대 청소 및 물기 제거				
가스레인지 또는 인덕션 청소				
양념통 정리				
남은 재료 정리정돈				
음식 쓰레기 처리				
개수대 청소				
수도 주변 및 세제 관리				
바닥 청소				
청소도구 정리정돈				
전기 및 Gas 체크				

_____ 주차

일일 개인위생 점검표(입실준비)

점검일 : 년 월 일 이름 :				
점검 항목	착용 및 실시 여부	점검결과		
		양호	보통	미흡
조리모				
두발의 형태에 따른 손질(머리망 등)				
조리복 상의				
조리복 바지				
앞치마				
스카프				
안전화				
손톱의 길이 및 매니큐어 여부				
반지, 시계, 팔찌 등				
짙은 화장				
향수				
손 씻기				
상처유무 및 적절한 조치				
흰색 행주 지참				
사이드 타월				
개인용 조리도구				

일일 위생 점검표(퇴실준비)

점검일 : 년 월 일 이름 :				
점검 항목	착용 및 실시 여부	점검결과		
		양호	보통	미흡
그릇, 기물 세척 및 정리정돈				
기계, 도구, 장비 세척 및 정리정돈				
작업대 청소 및 물기 제거				
가스레인지 또는 인덕션 청소				
양념통 정리				
남은 재료 정리정돈				
음식 쓰레기 처리				
개수대 청소				
수도 주변 및 세제 관리				
바닥 청소				
청소도구 정리정돈				
전기 및 Gas 체크				

일일 개인위생 점검표(입실준비)

점검일 : 　　년　 월　 일　　 이름 :				
점검 항목	착용 및 실시 여부	점검결과		
		양호	보통	미흡
조리모				
두발의 형태에 따른 손질(머리망 등)				
조리복 상의				
조리복 바지				
앞치마				
스카프				
안전화				
손톱의 길이 및 매니큐어 여부				
반지, 시계, 팔찌 등				
짙은 화장				
향수				
손 씻기				
상처유무 및 적절한 조치				
흰색 행주 지참				
사이드 타월				
개인용 조리도구				

일일 위생 점검표(퇴실준비)

점검일 : 　　년　 월　 일　　 이름 :				
점검 항목	착용 및 실시 여부	점검결과		
		양호	보통	미흡
그릇, 기물 세척 및 정리정돈				
기계, 도구, 장비 세척 및 정리정돈				
작업대 청소 및 물기 제거				
가스레인지 또는 인덕션 청소				
양념통 정리				
남은 재료 정리정돈				
음식 쓰레기 처리				
개수대 청소				
수도 주변 및 세제 관리				
바닥 청소				
청소도구 정리정돈				
전기 및 Gas 체크				

일일 개인위생 점검표(입실준비)

점검일 : 년 월 일 이름 :

점검 항목	착용 및 실시 여부	점검결과		
		양호	보통	미흡
조리모				
두발의 형태에 따른 손질(머리망 등)				
조리복 상의				
조리복 바지				
앞치마				
스카프				
안전화				
손톱의 길이 및 매니큐어 여부				
반지, 시계, 팔찌 등				
짙은 화장				
향수				
손 씻기				
상처유무 및 적절한 조치				
흰색 행주 지참				
사이드 타월				
개인용 조리도구				

일일 위생 점검표(퇴실준비)

점검일 : 년 월 일 이름 :

점검 항목	착용 및 실시 여부	점검결과		
		양호	보통	미흡
그릇, 기물 세척 및 정리정돈				
기계, 도구, 장비 세척 및 정리정돈				
작업대 청소 및 물기 제거				
가스레인지 또는 인덕션 청소				
양념통 정리				
남은 재료 정리정돈				
음식 쓰레기 처리				
개수대 청소				
수도 주변 및 세제 관리				
바닥 청소				
청소도구 정리정돈				
전기 및 Gas 체크				

일일 개인위생 점검표(입실준비)

점검일 : 년 월 일 이름 :				
점검 항목	착용 및 실시 여부	점검결과		
		양호	보통	미흡
조리모				
두발의 형태에 따른 손질(머리망 등)				
조리복 상의				
조리복 바지				
앞치마				
스카프				
안전화				
손톱의 길이 및 매니큐어 여부				
반지, 시계, 팔찌 등				
짙은 화장				
향수				
손 씻기				
상처유무 및 적절한 조치				
흰색 행주 지참				
사이드 타월				
개인용 조리도구				

일일 위생 점검표(퇴실준비)

점검일 : 년 월 일 이름 :				
점검 항목	착용 및 실시 여부	점검결과		
		양호	보통	미흡
그릇, 기물 세척 및 정리정돈				
기계, 도구, 장비 세척 및 정리정돈				
작업대 청소 및 물기 제거				
가스레인지 또는 인덕션 청소				
양념통 정리				
남은 재료 정리정돈				
음식 쓰레기 처리				
개수대 청소				
수도 주변 및 세제 관리				
바닥 청소				
청소도구 정리정돈				
전기 및 Gas 체크				

한혜영

현) 충북도립대학교 조리제빵과 교수
어린이급식관리지원센터 센터장
- 세종대학교 조리외식경영학전공 조리학 박사
- 숙명여자대학교 전통식생활문화전공 석사
- 조리기능장
- Le Cordon bleu (France, Australia) 연수
- The Culinary Institute of America 연수
- Cursos de cocina espanola en sevilla (Spain) 연수
- Italian Culinary Institute For Foreigner 연수
- 롯데호텔 서울
- 인터컨티넨탈 호텔 서울
- 떡제조기능사, 조리산업기사, 조리기능장 출제위원 및 심사위원
- 한국외식산업학회 이사
- 농림축산식품부장관상, 식약처장상, 해양수산부장관상, 산림청장상
- 대전지방식품의약품안전청장상, 충북도지사상
- KBS 비타민, 위기탈출넘버원
- 한혜영 교수의 재미있고 맛있는 음식이야기 CJB 라디오 청주방송
- SBS 모닝와이드
- MBC 생방송오늘아침 등
- 파리, 대만, 홍콩, 알제리, 카타르, 싱가포르, 상해, 터키, 리옹, 라스베이거스, 요르단, 쿠웨이트, 터키, 말레이시아, 미국, 오만, 에콰도르, 파나마, 카타르, 몽골, 체코, 브라질, 네덜란드, 호주, 일본 등 대사관 초청 한국음식 강의 및 홍보행사
- 순창, 임실, 옥천, 밀양, 화천, 봉화, 진천, 태백, 경주, 서산, 충주, 양양, 웅진, 성주, 이천 등 메뉴개발 및 강의

저서
- 한혜영의 한국음식, 효일출판사, 2013
- NCS 자격검정을 위한 한식조리 12권, 백산출판사, 2016
- NCS 자격검정을 위한 한식기초조리실무, 백산출판사, 2017
- NCS 자격검정을 위한 알기쉬운 한식조리, 백산출판사, 2017
- NCS 한식조리실무, 백산출판사, 2017
- 조리사가 꼭 알아야 할 단체급식, 백산출판사, 2018
- 양식조리 NCS학습모듈 공동 집필 8권, 한국직업능력개발원, 2018
- 동남아요리, 백산출판사, 2019
- 떡제조기능사, 비앤씨월드, 2020
- 푸드스타일링 실습, 충북도립대학교, 2020

김업식

현) 연성대학교 호텔외식조리과 호텔조리전공 교수
- 경희대학교 대학원 식품학 박사
- (주)웨스틴조선호텔 한식당 셔블 Chef
- 베트남 대우호텔 페스티벌 주관
- 일본 동경 웨스틴 호텔 한국음식 페스티벌 주관
- 서울국제요리대회 심사위원
- 용수산, 강강술래, 썬앳푸드 자문위원
- 메리어트호텔, 해비치호텔 자문위원
- 한국산업인력공단 감독위원
- 네바다주립대(U.N.L.V) 조리연수
- C.I.A. 조리연수, COPIA 와인연수

저서
- 21세기 한국음식, 효일출판사, 2012
- 주방시설관리론, 효일출판사, 2010
- 전통혼례음식, 광문각, 2007

박선옥

현) 충북도립대학교 조리제빵과 겸임교수
인천재능대학교 호텔외식조리과 겸임교수
전) 우송정보대학 외식조리과 외래교수
세종대학교 외식경영학과 외래교수
- 조리기능장
- 한국소울푸드연구소 대표
- 세종대학교 조리외식경영학과 박사과정
- 주 그리스 대한민국대사관 조리사
- 아름다운 우리 떡 은상 (한국관광공사)

임재창

- 우송정보대학교 조리부사관과 겸임교수
- 마스터쉐프한국협회 상임이사
- 한국음식조리문화협회 상임이사
- 조리기능장 감독위원
- 국민안전처 식품안전위원

저자와의
합의하에
인지첩부
생략

한식조리 생채 · 회

2022년 3월 5일 초판 1쇄 인쇄
2022년 3월 10일 초판 1쇄 발행

지은이 한혜영 · 김업식 · 박선옥 · 임재창
펴낸이 진욱상
펴낸곳 (주)백산출판사
교 정 박시내
본문디자인 신화정
표지디자인 오정은

등 록 2017년 5월 29일 제406-2017-000058호
주 소 경기도 파주시 회동길 370(백산빌딩 3층)
전 화 02-914-1621(代)
팩 스 031-955-9911
이메일 edit@ibaeksan.kr
홈페이지 www.ibaeksan.kr

ISBN 979-11-6567-474-8 93590
값 12,000원